COURS
DE
MATHÉMATIQUES
A L'USAGE DE
L'INGÉNIEUR CIVIL,

PAR J. ADHÉMAR.

SUPPLÉMENT
AU TRAITÉ
DE GÉOMÉTRIE DESCRIPTIVE.

EXERCICES, ÉPURES DE CONCOURS ET QUESTIONS D'EXAMEN.

PARIS.
MATHIAS, LIBRAIRE, QUAI MALAQUAIS, 15.
1857

NOTATIONS

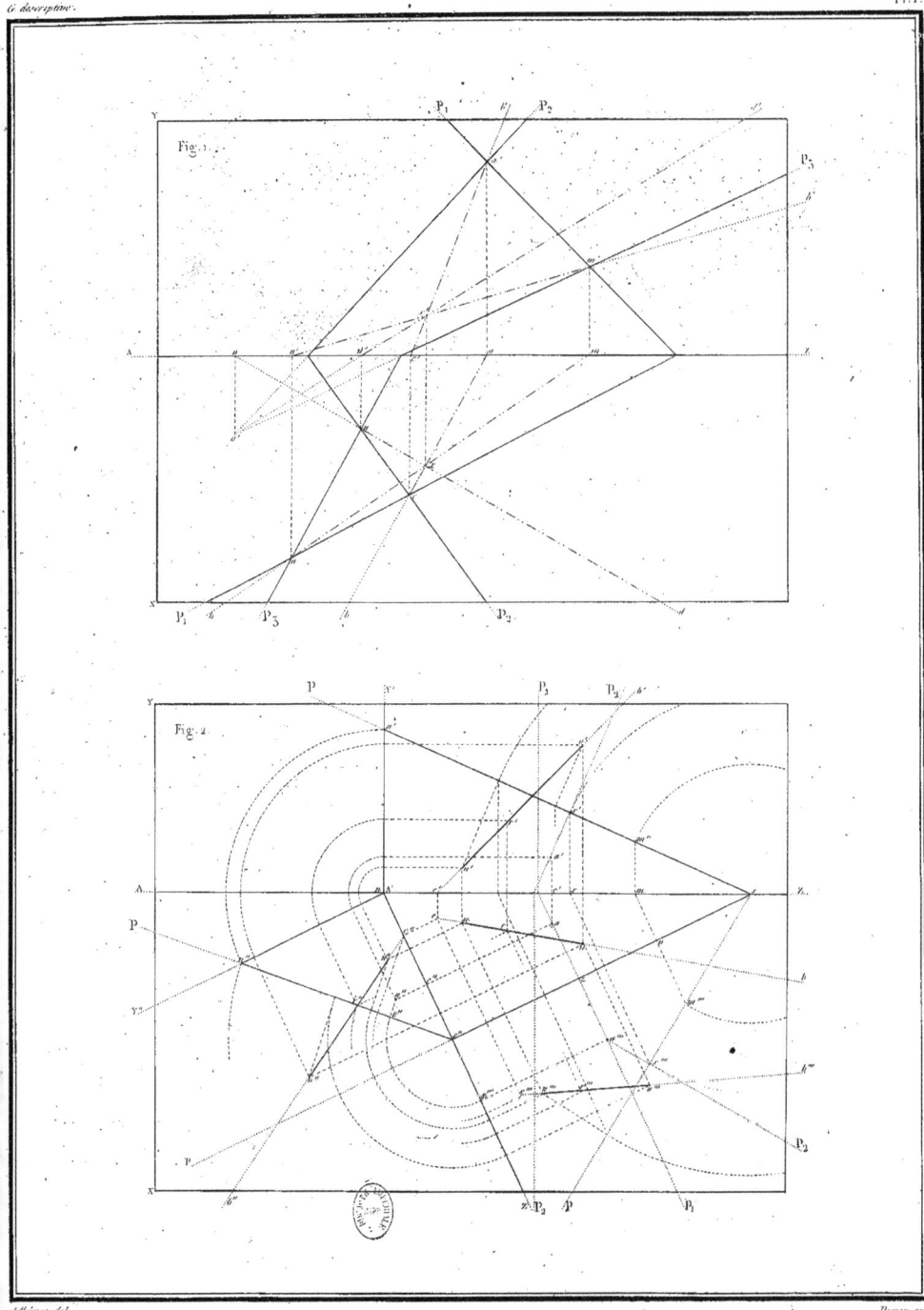

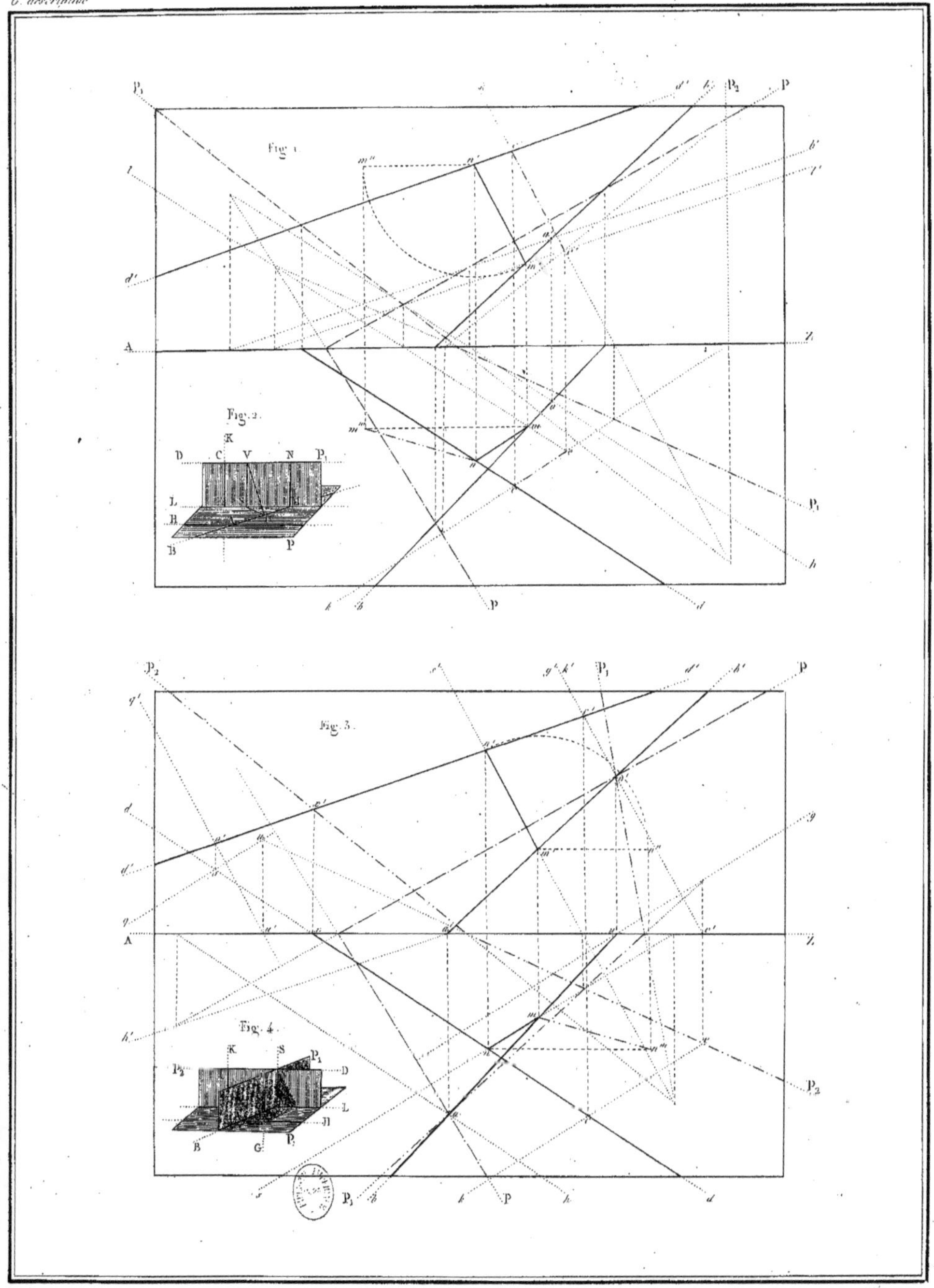

DISTANCE DE DEUX DROITES

Fig. 1.

Fig. 2.

Fig. 3.

Fig. 4.

DISTANCE DE DEUX DROITES

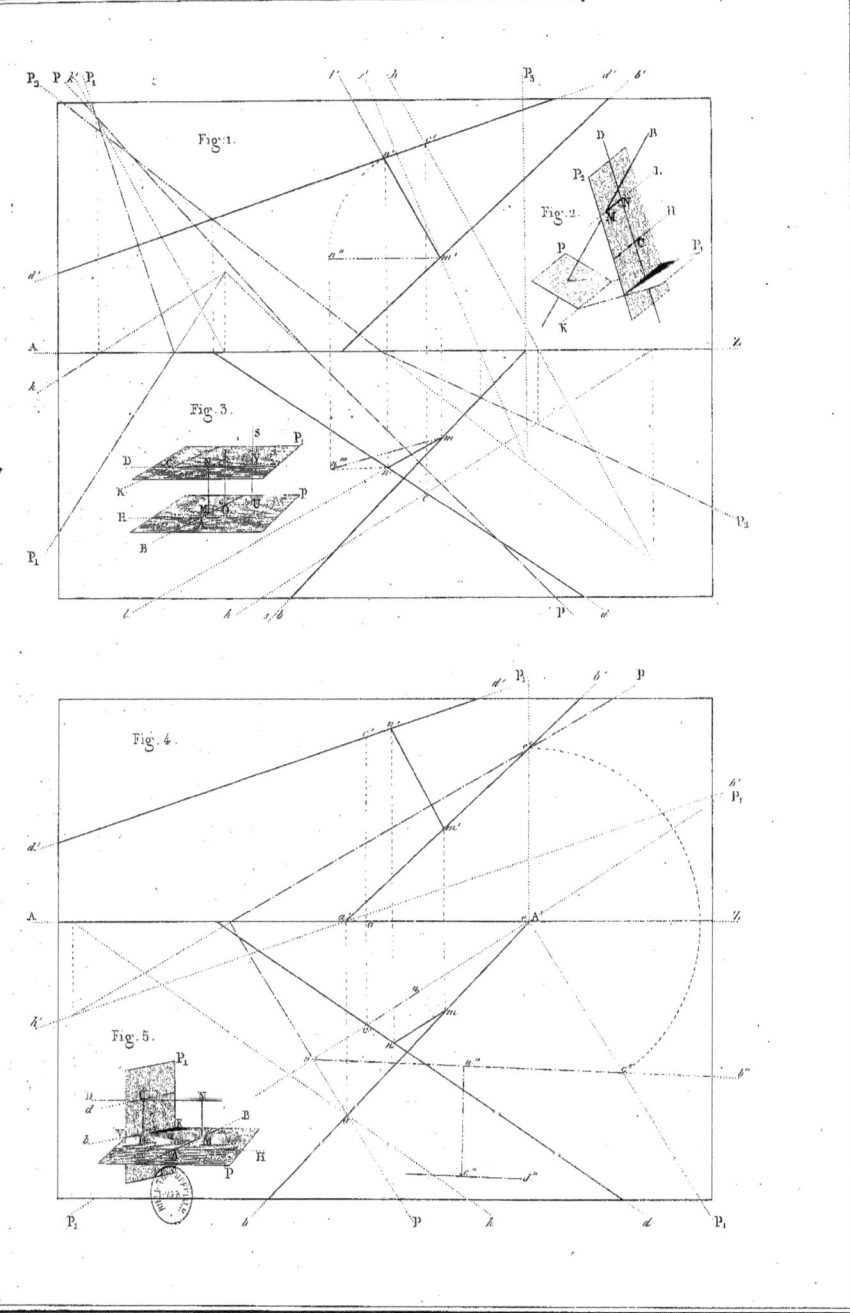

DISTANCE DE DEUX DROITES

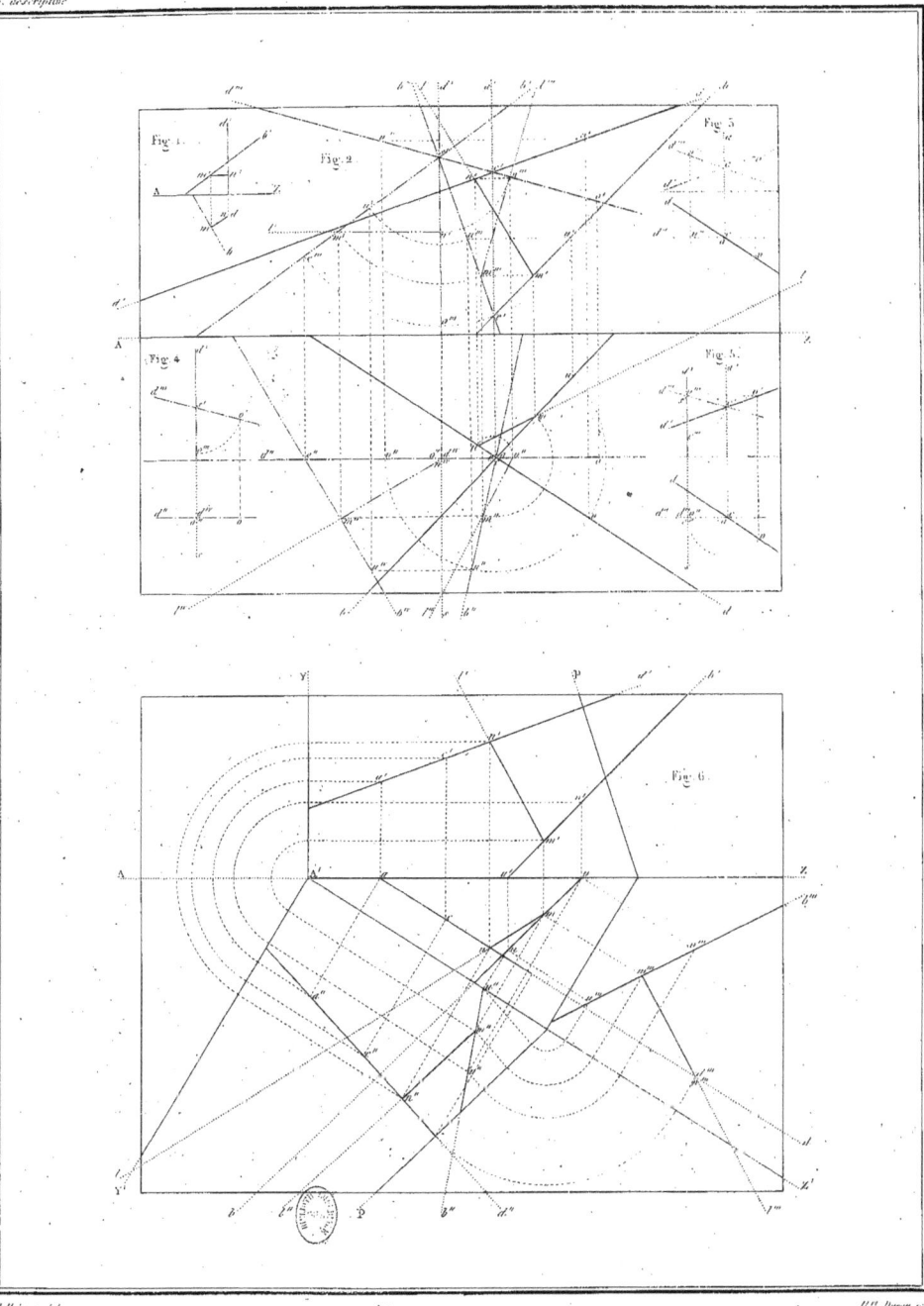

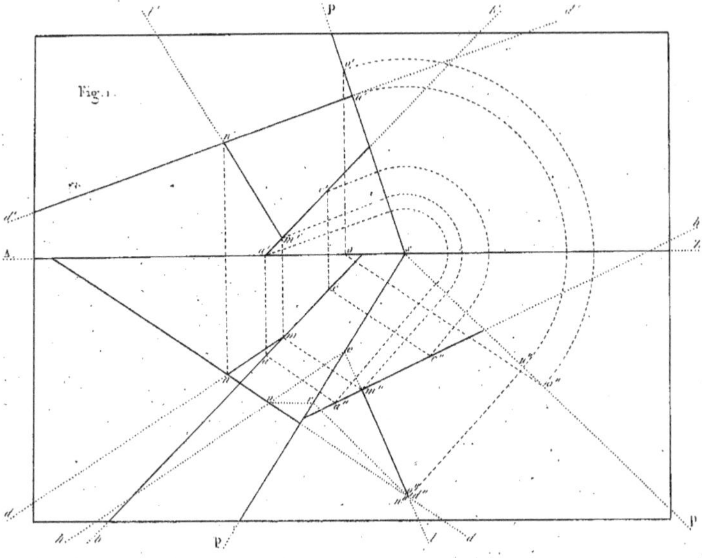

DISTANCE DE DEUX DROITES

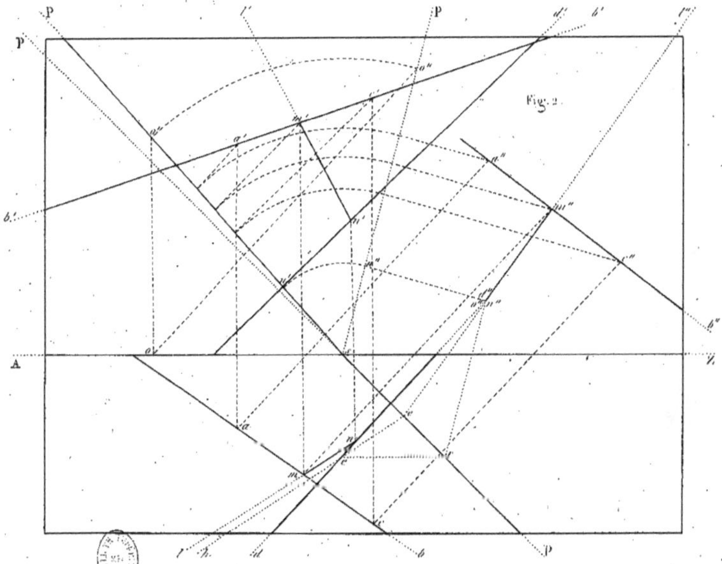

DISTANCE DE DEUX DROITES.

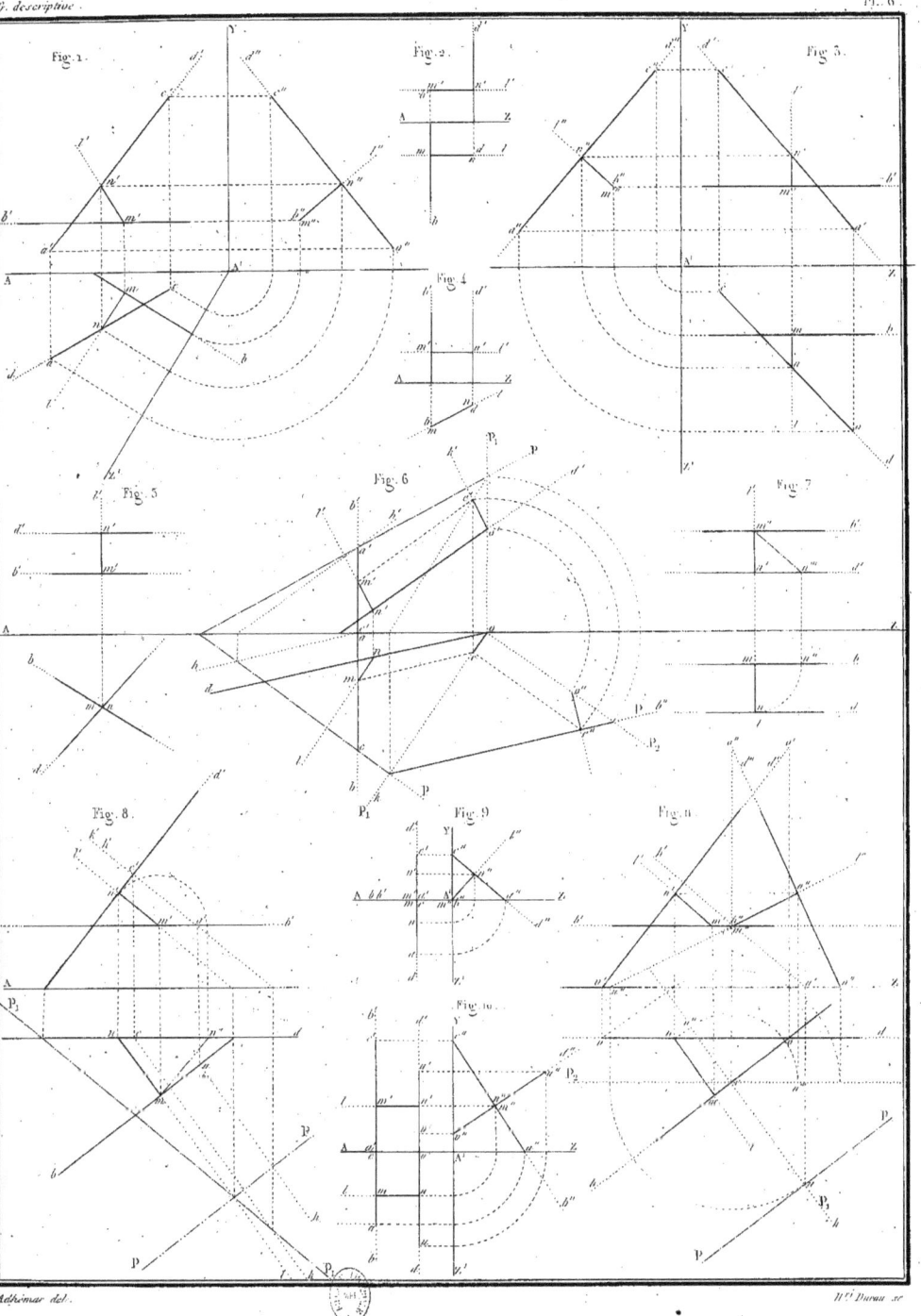

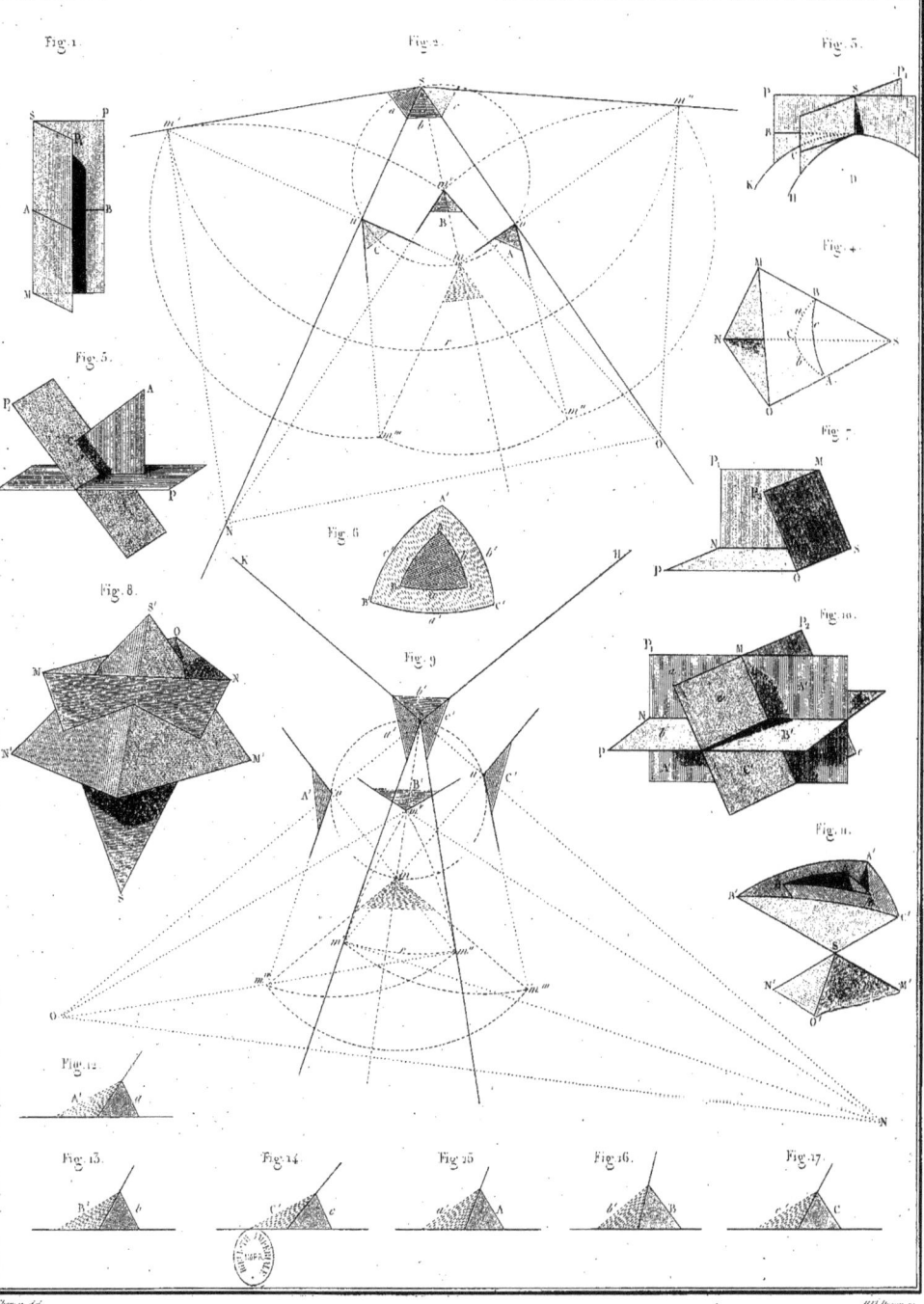

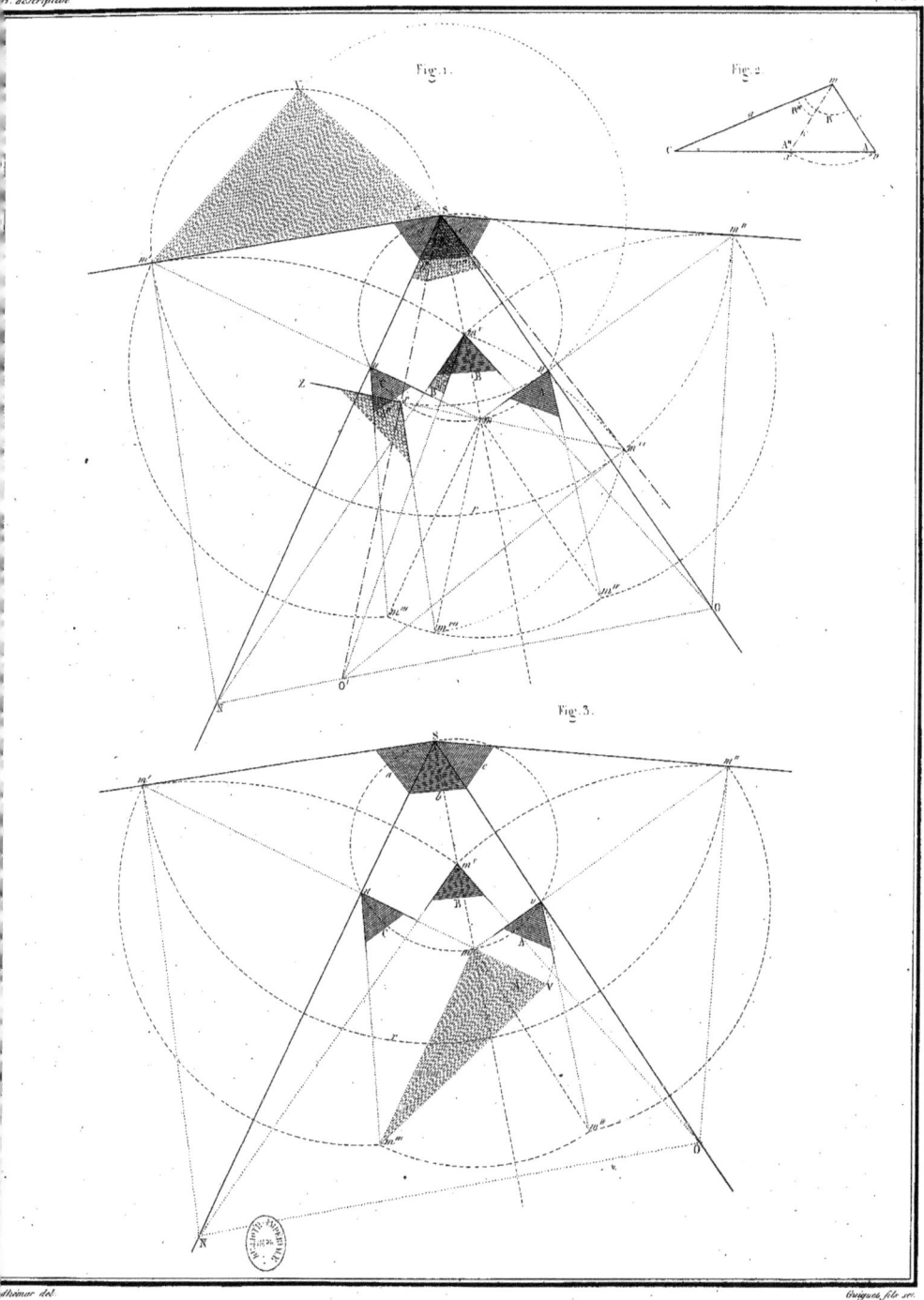

ANGLE TRIEDRE

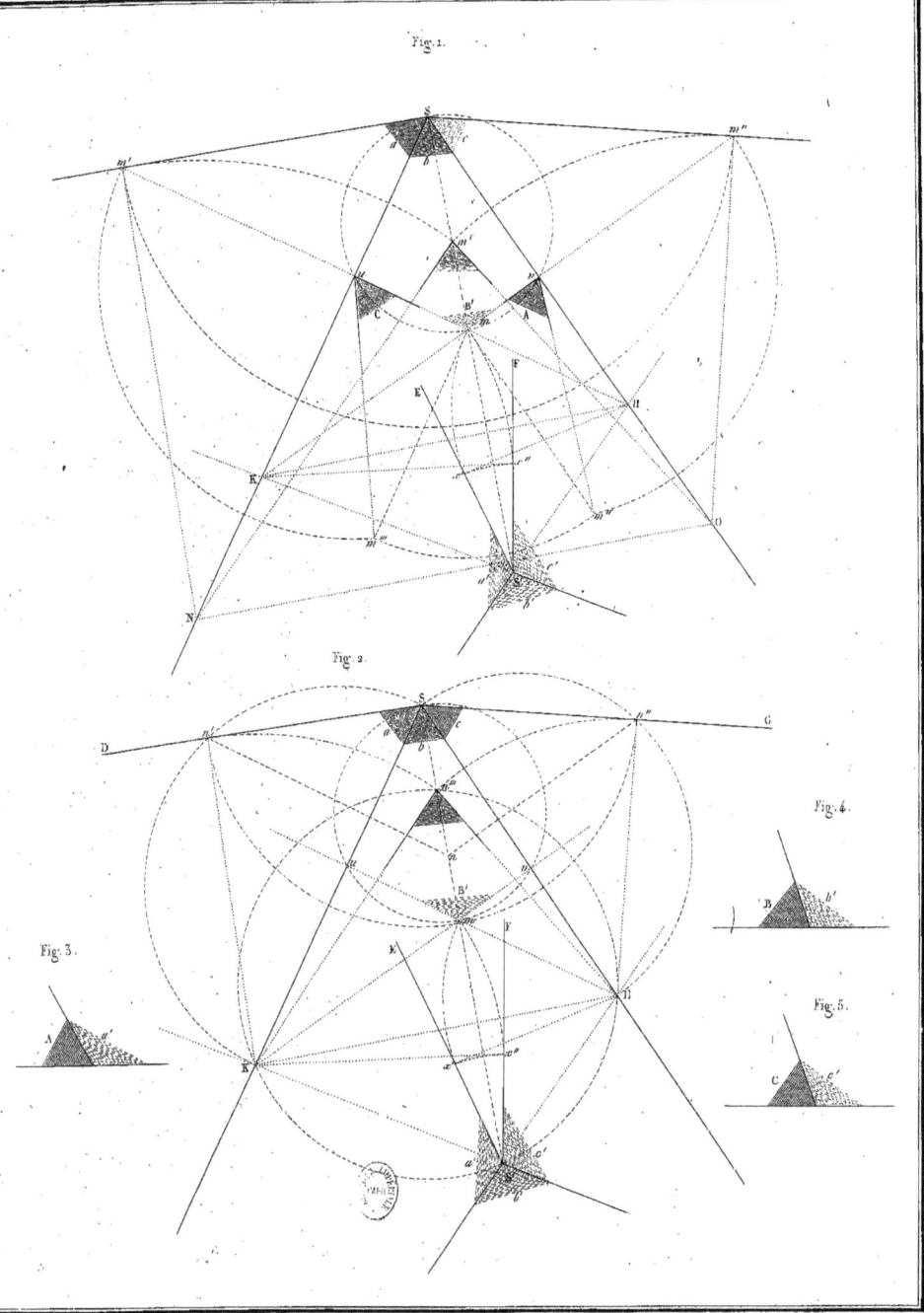

ANGLE TRIÈDRE.

ANGLES DES LIGNES

ANGLES DES LIGNES.

Fig. 1.
Fig. 2.
Fig. 3.
Fig. 4.
Fig. 5.
Fig. 6.
Fig. 7.

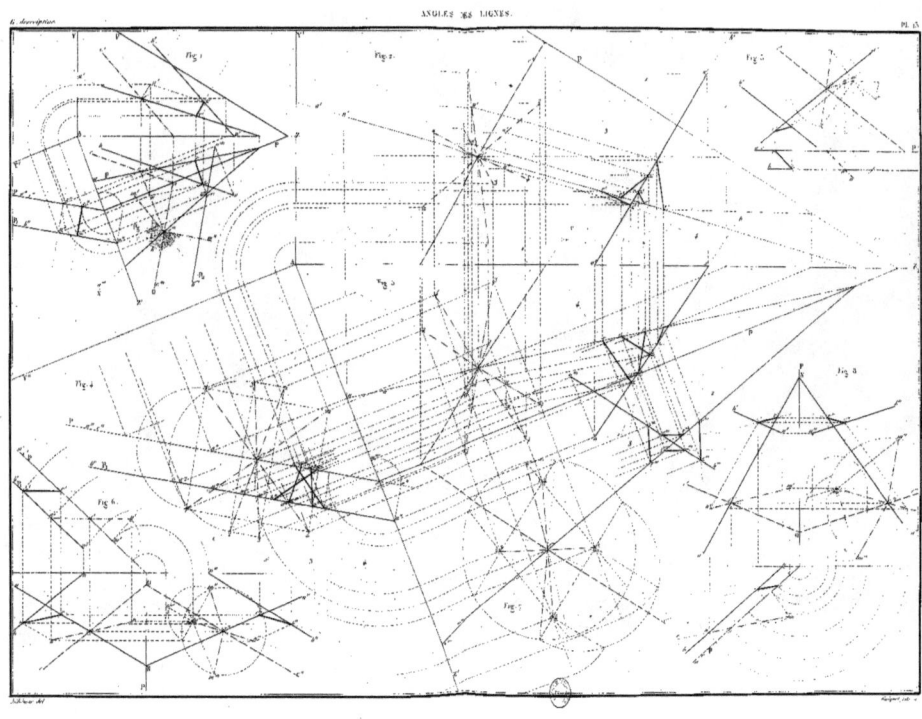

SPHÈRE CIRCONSCRITE.

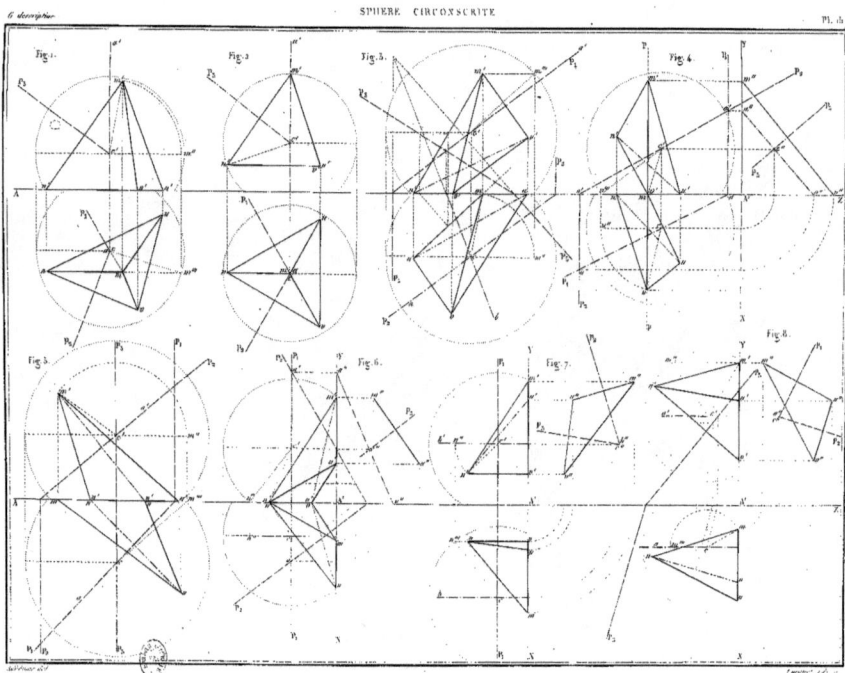

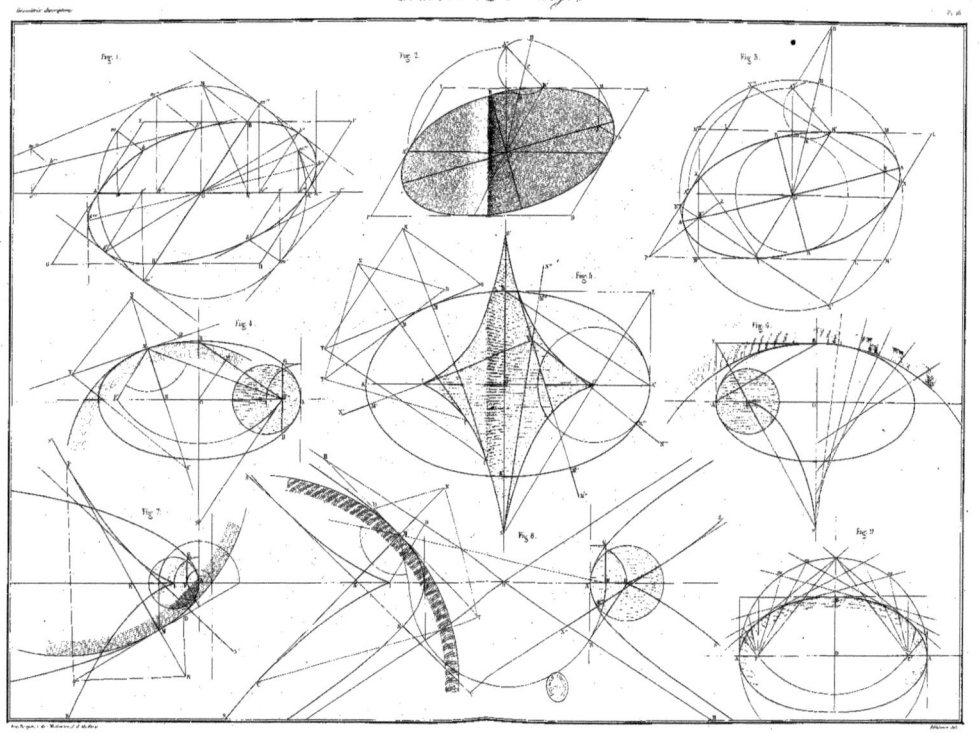

Courbes du 2.me degré

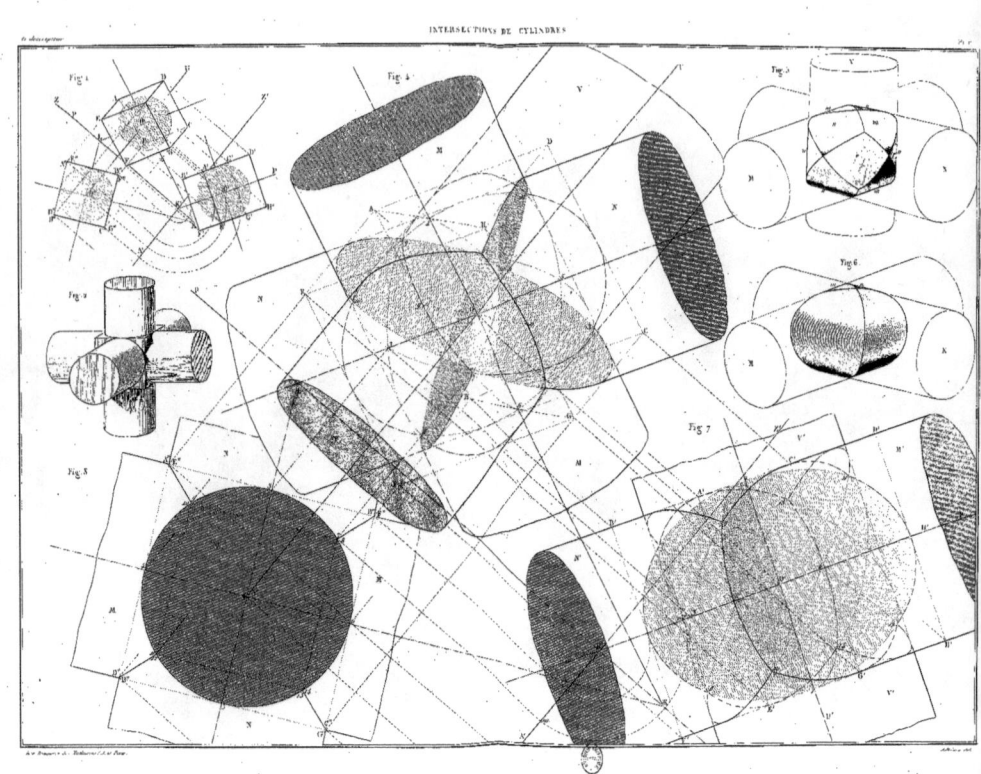

Sections planes des surfaces coniques.

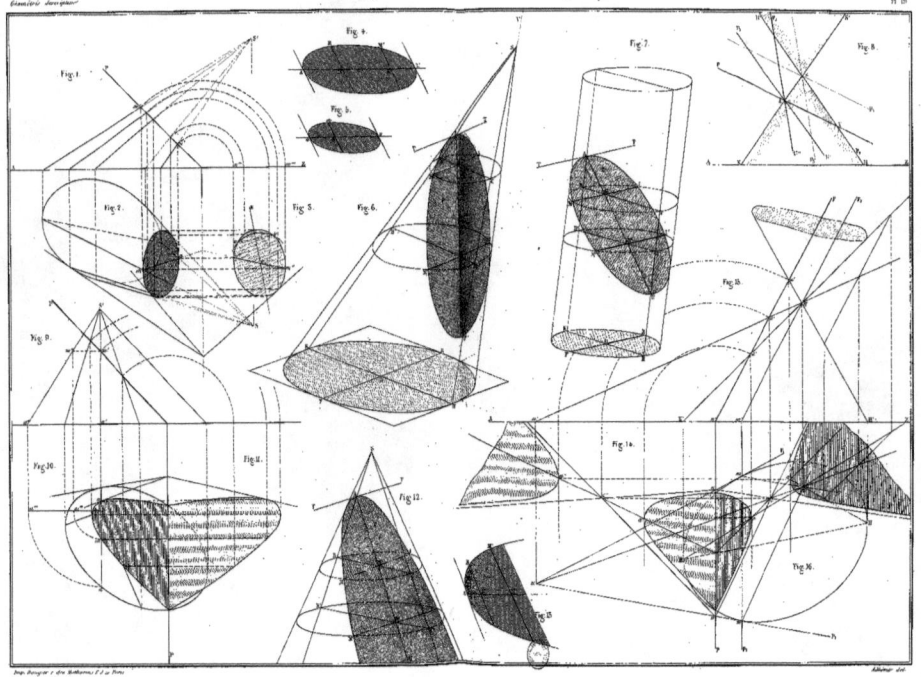

Sections planes du cône elliptique

Sections planes des cônes elliptiques et circulaires

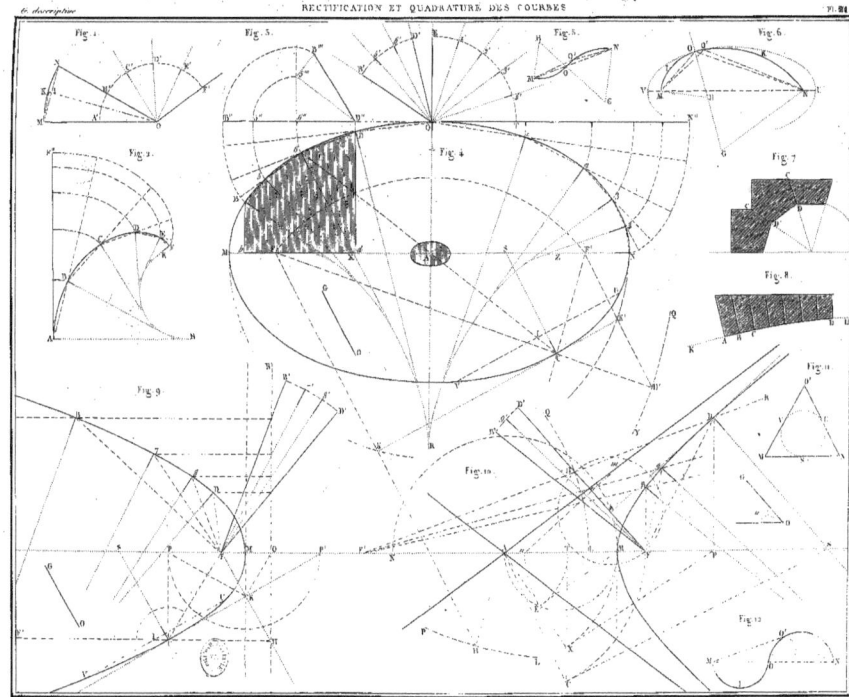

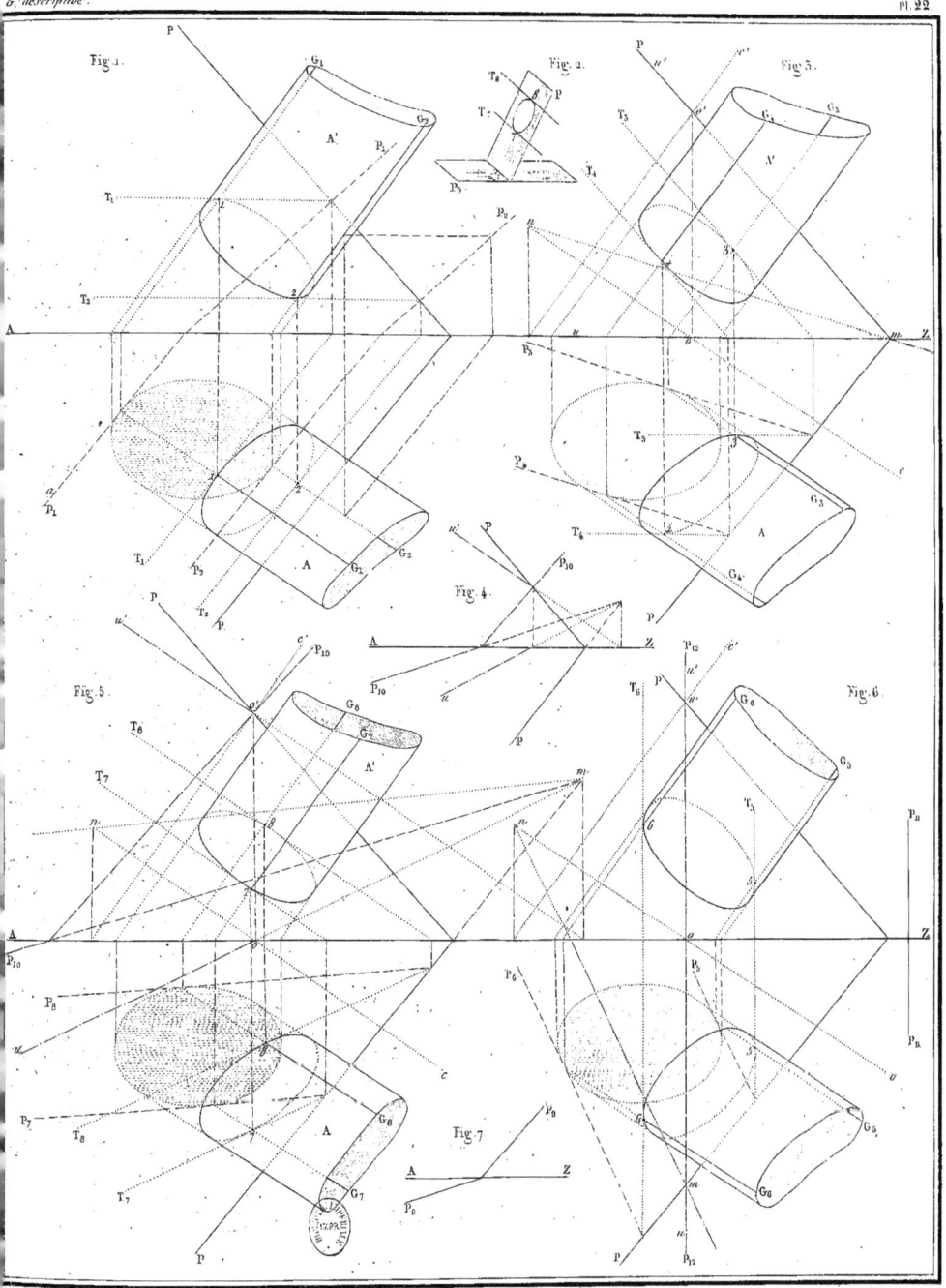

TANGENTES AUX COURBES DE SECTIONS

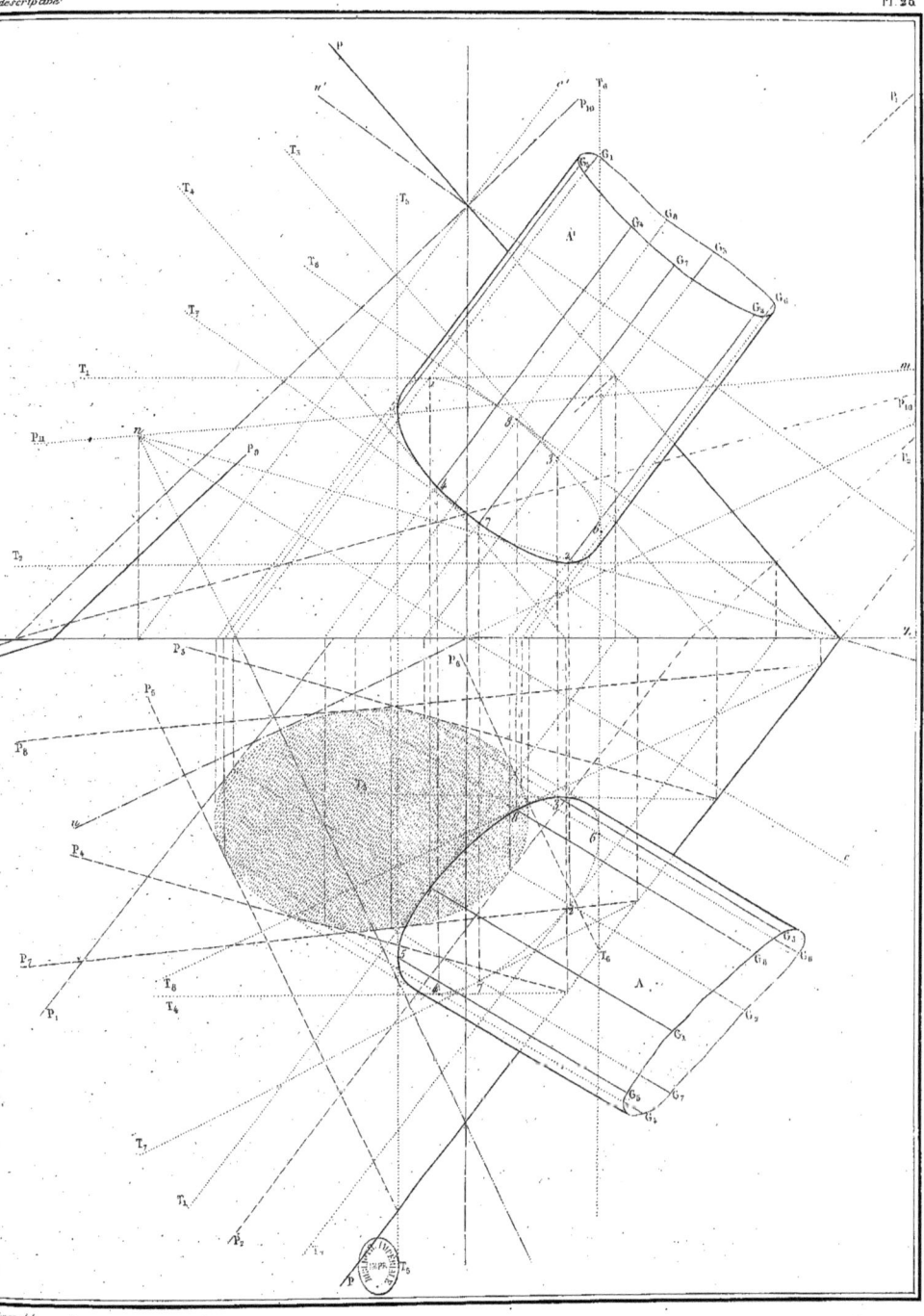

TANGENTES AUX COURBES DE SECTIONS

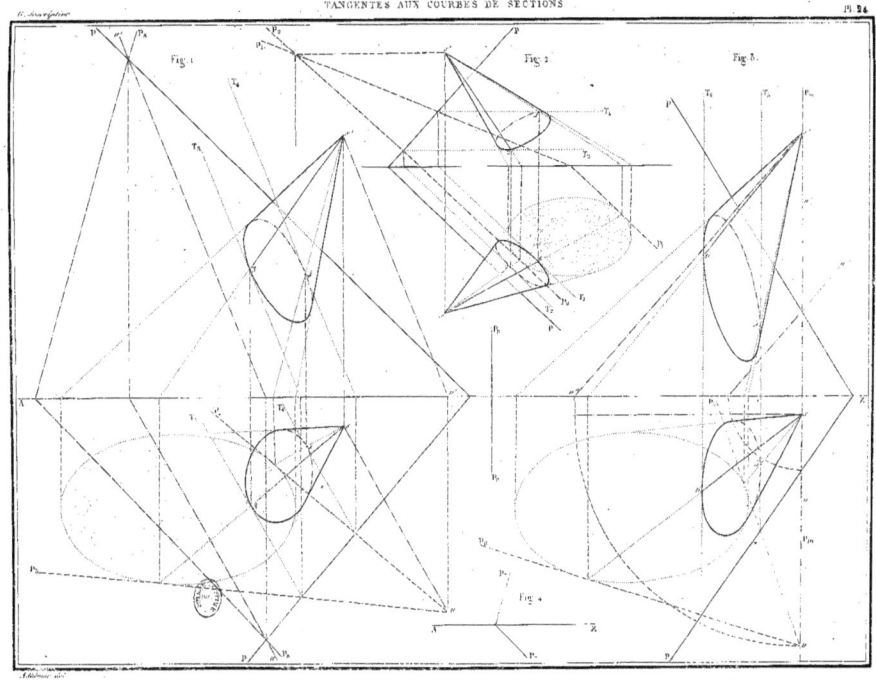

TANGENTES AUX COURBES D'INTERSECTIONS

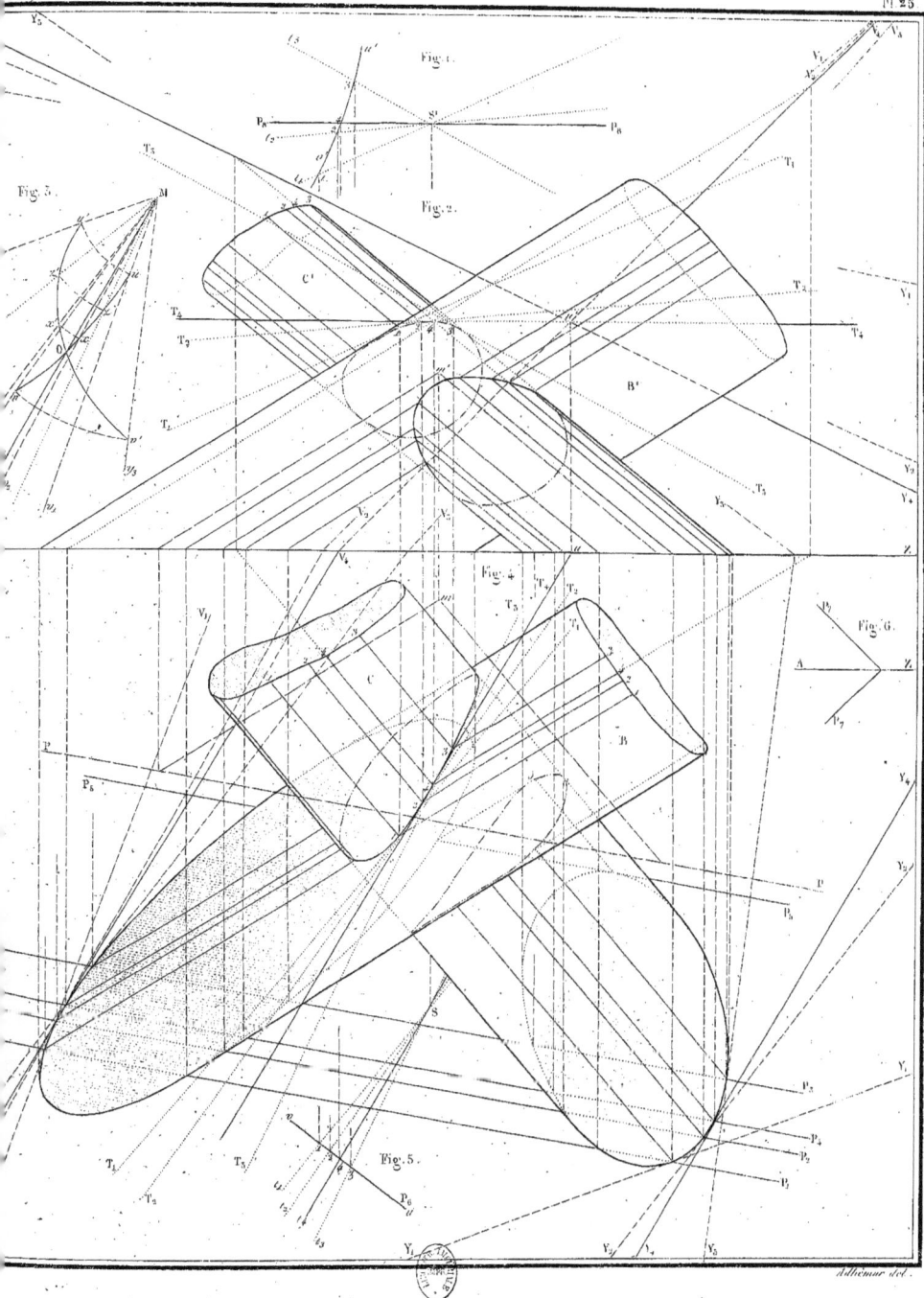

INTERSECTIONS DE CONES.

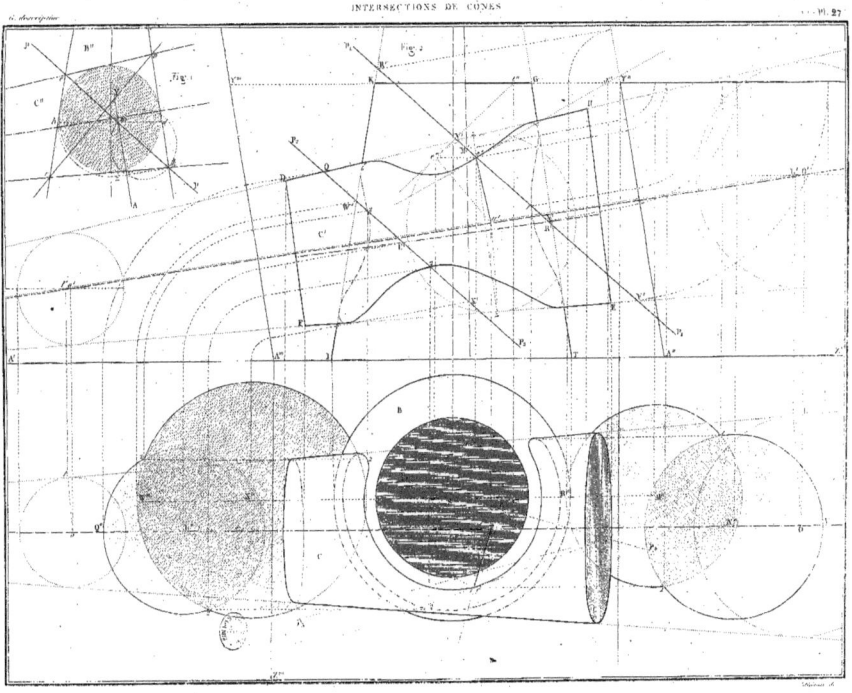

RABATTEMENTS

Pl. 28

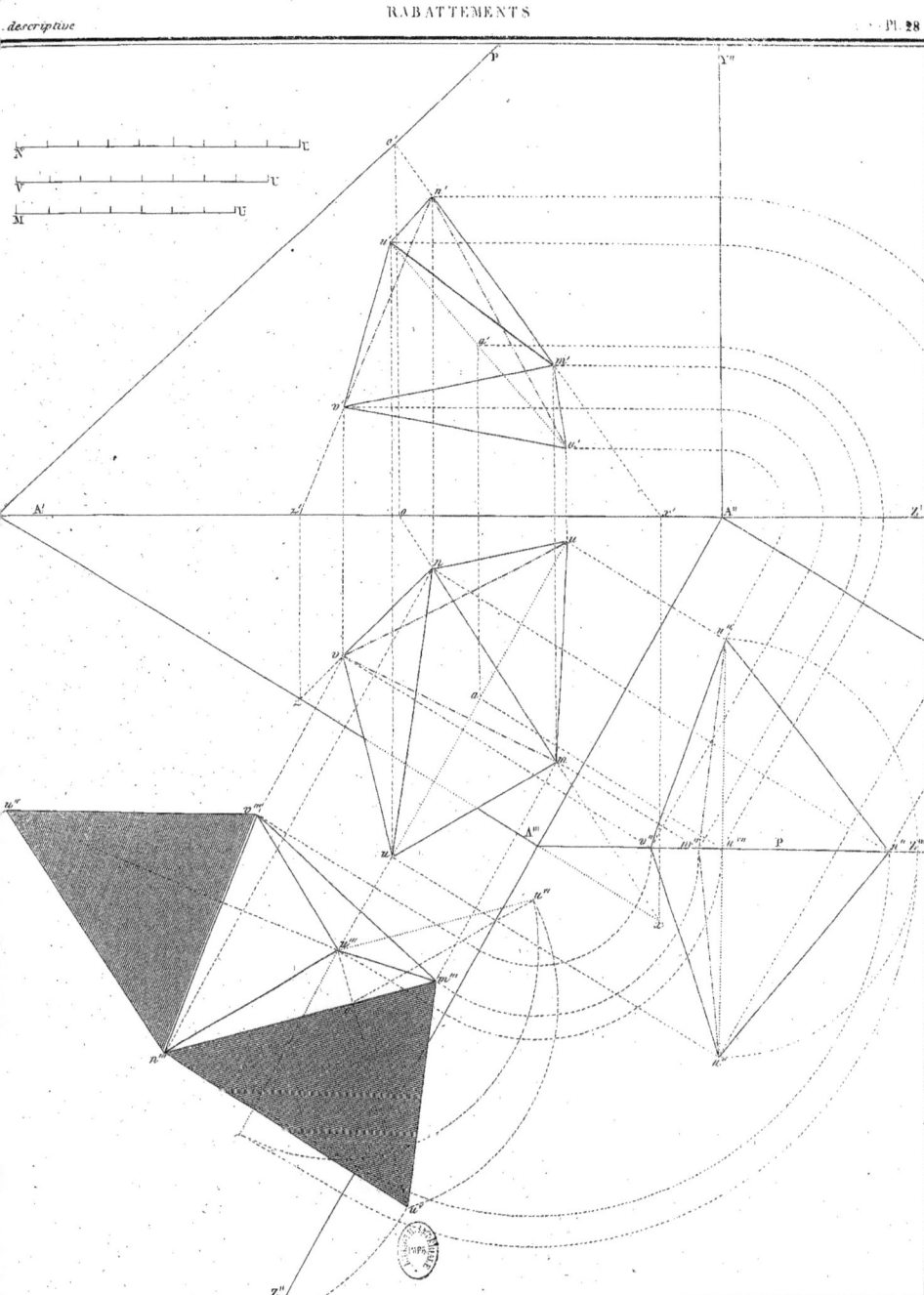

RABATTEMENTS

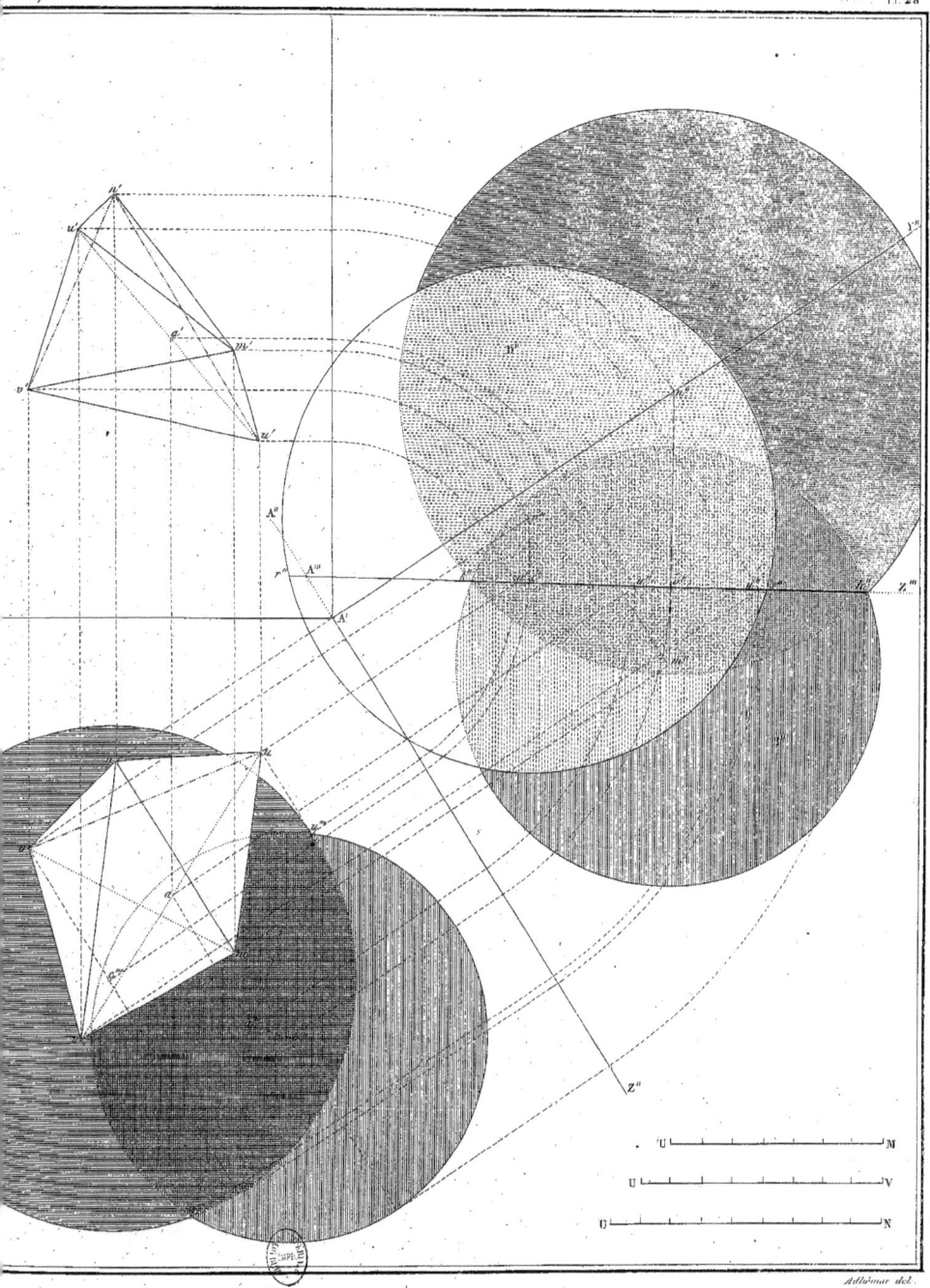

Pl. 29

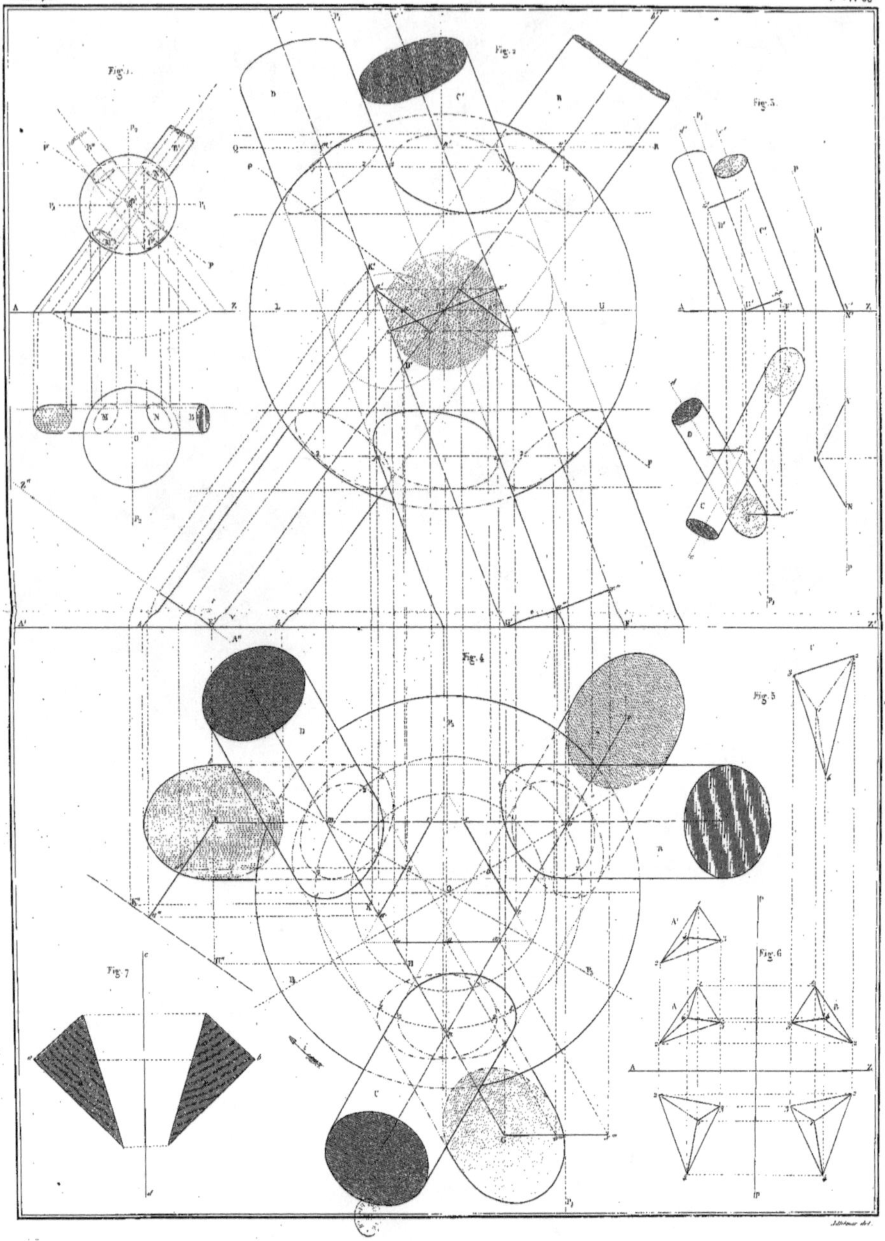

SPHÈRE ET CYLINDRES

SUPPLÉMENT.

EXTRAIT DU RECUEIL DES EXERCICES ET QUESTIONS DIVERSES.

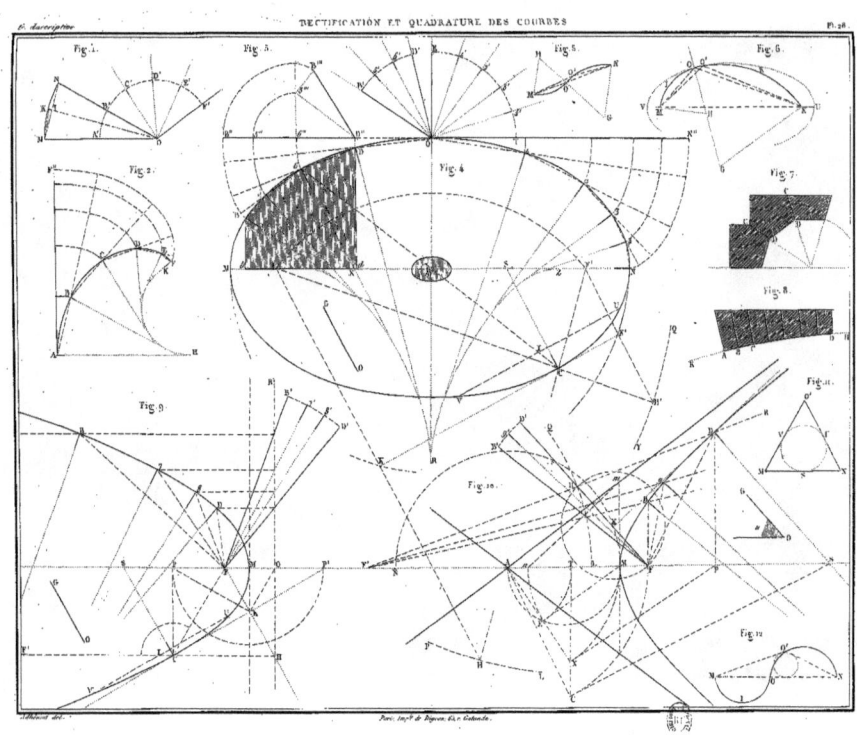

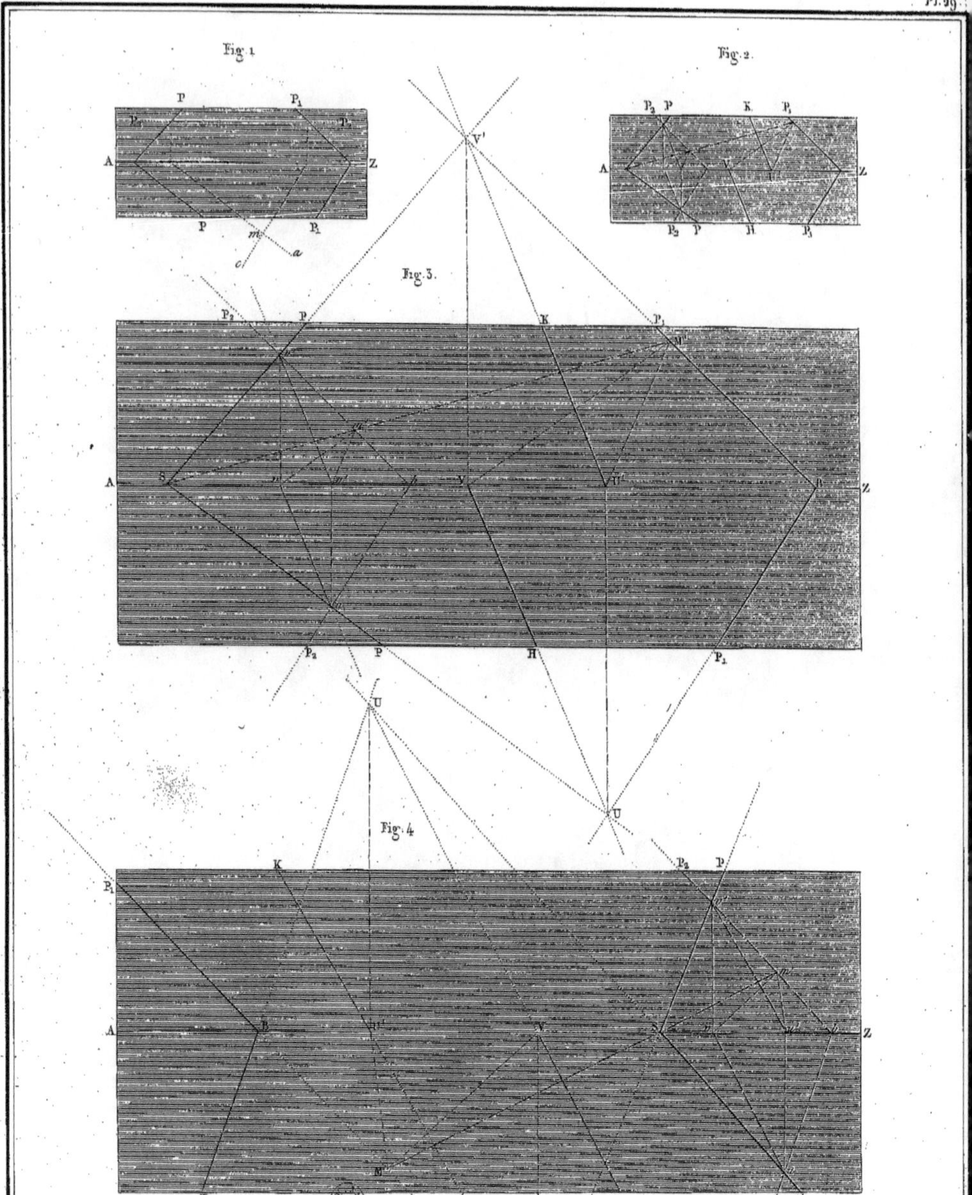

INTERSECTIONS DE PLANS

Fig. 1.

Fig. 2.

Fig. 3.

Fig. 4.

TANGENTES AUX COURBES DE SECTIONS

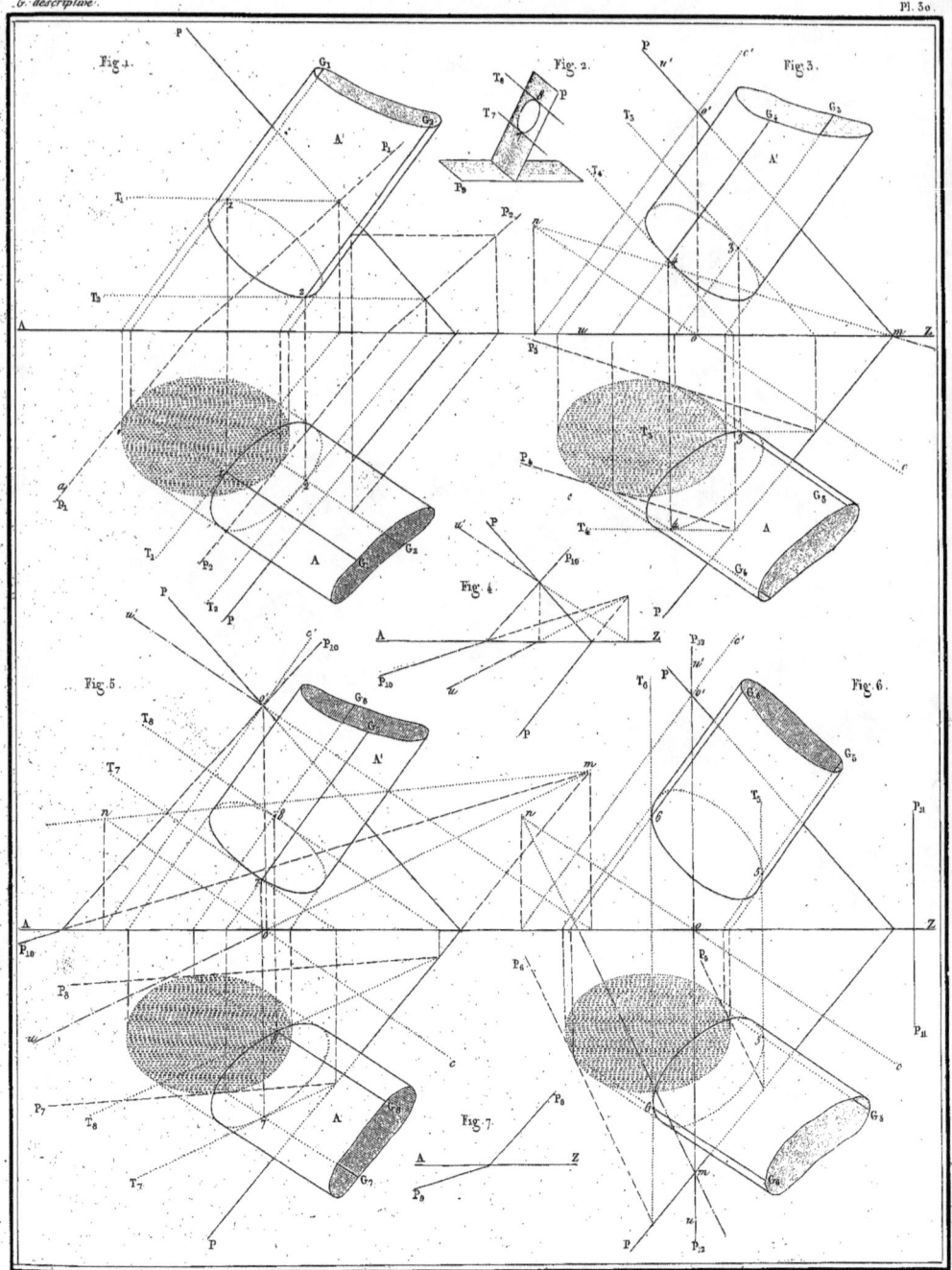

TANGENTES AUX COURBES DE SECTIONS

TANGENTES AUX COURBES DE SECTIONS.

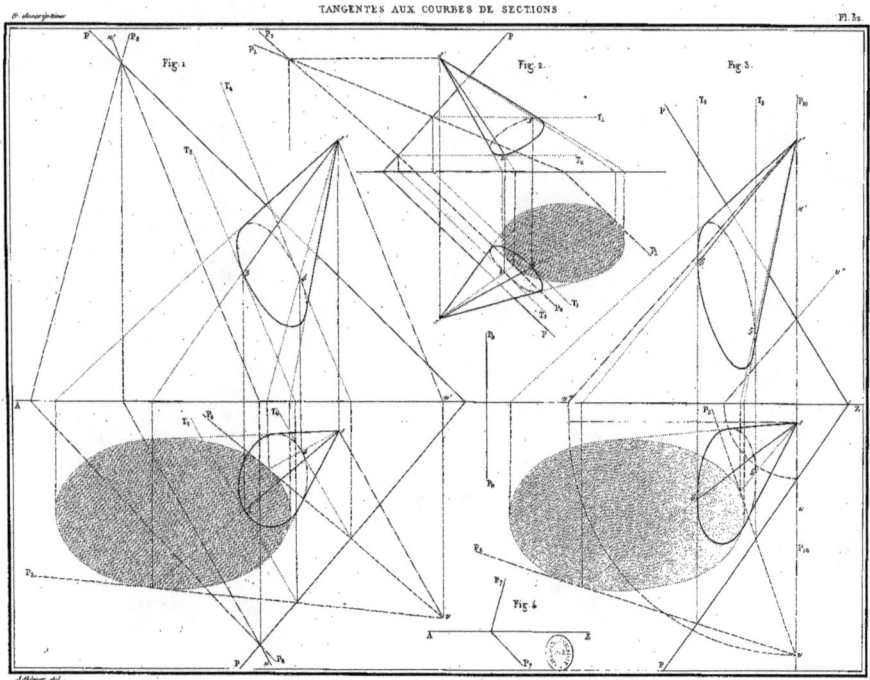

TANGENTES AUX COURBES D'INTERSECTIONS

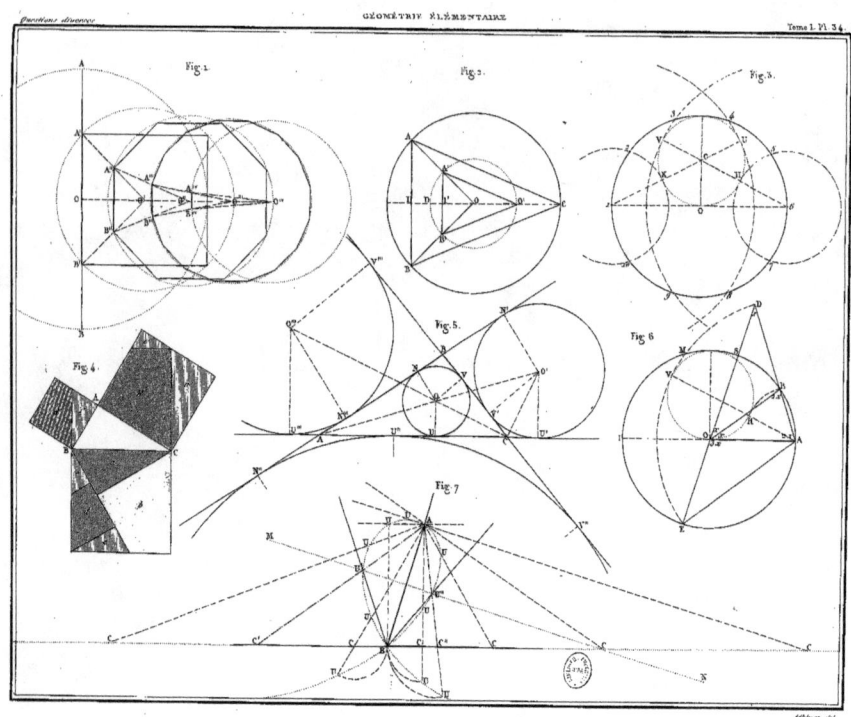

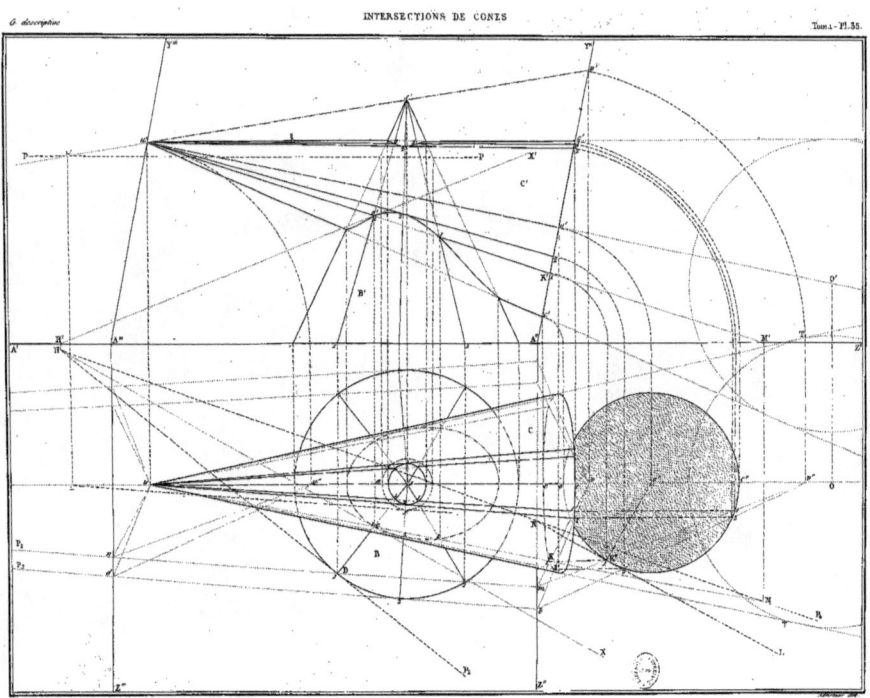

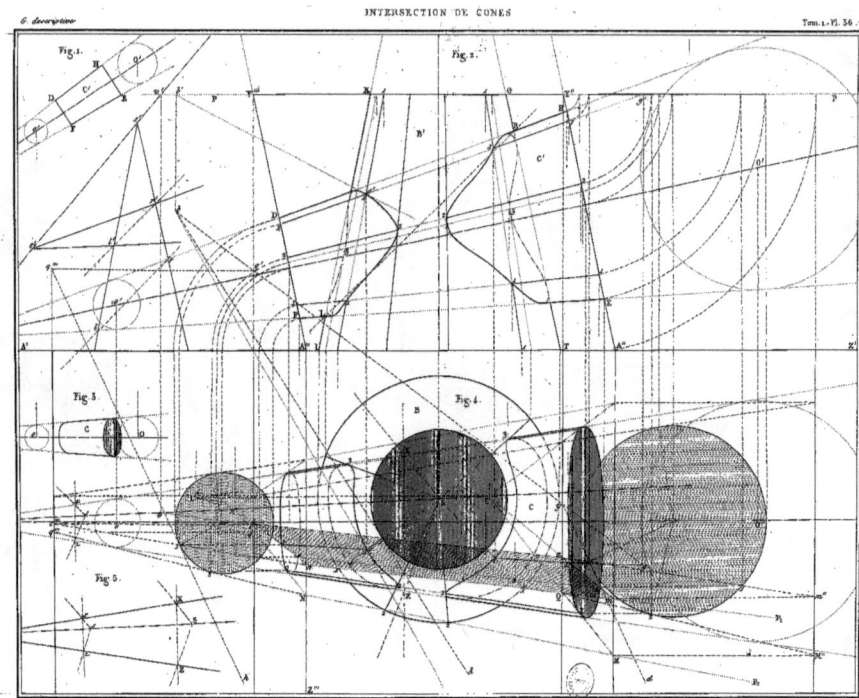

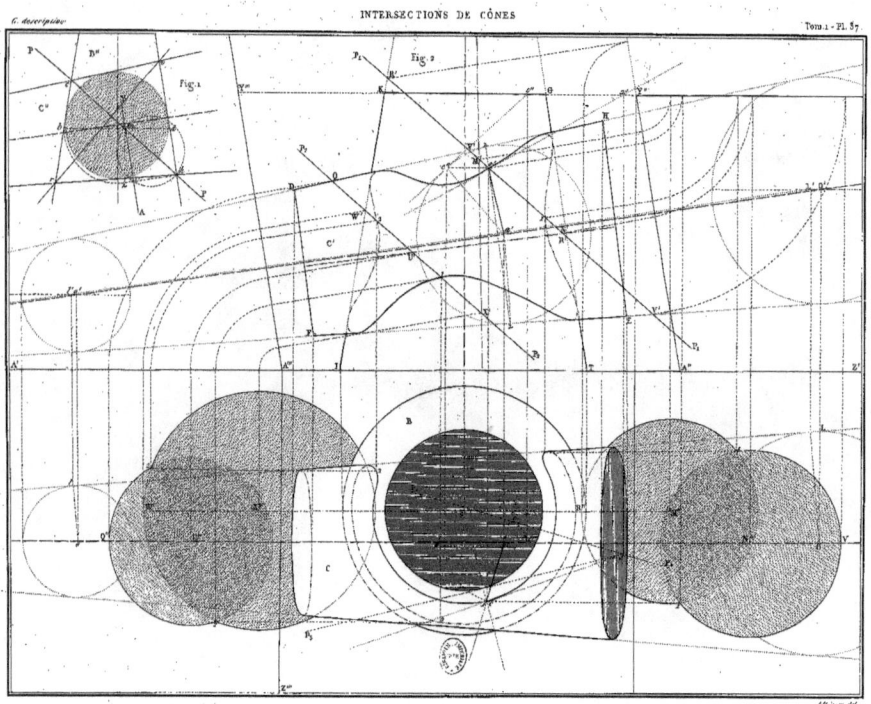

RABATTEMENTS

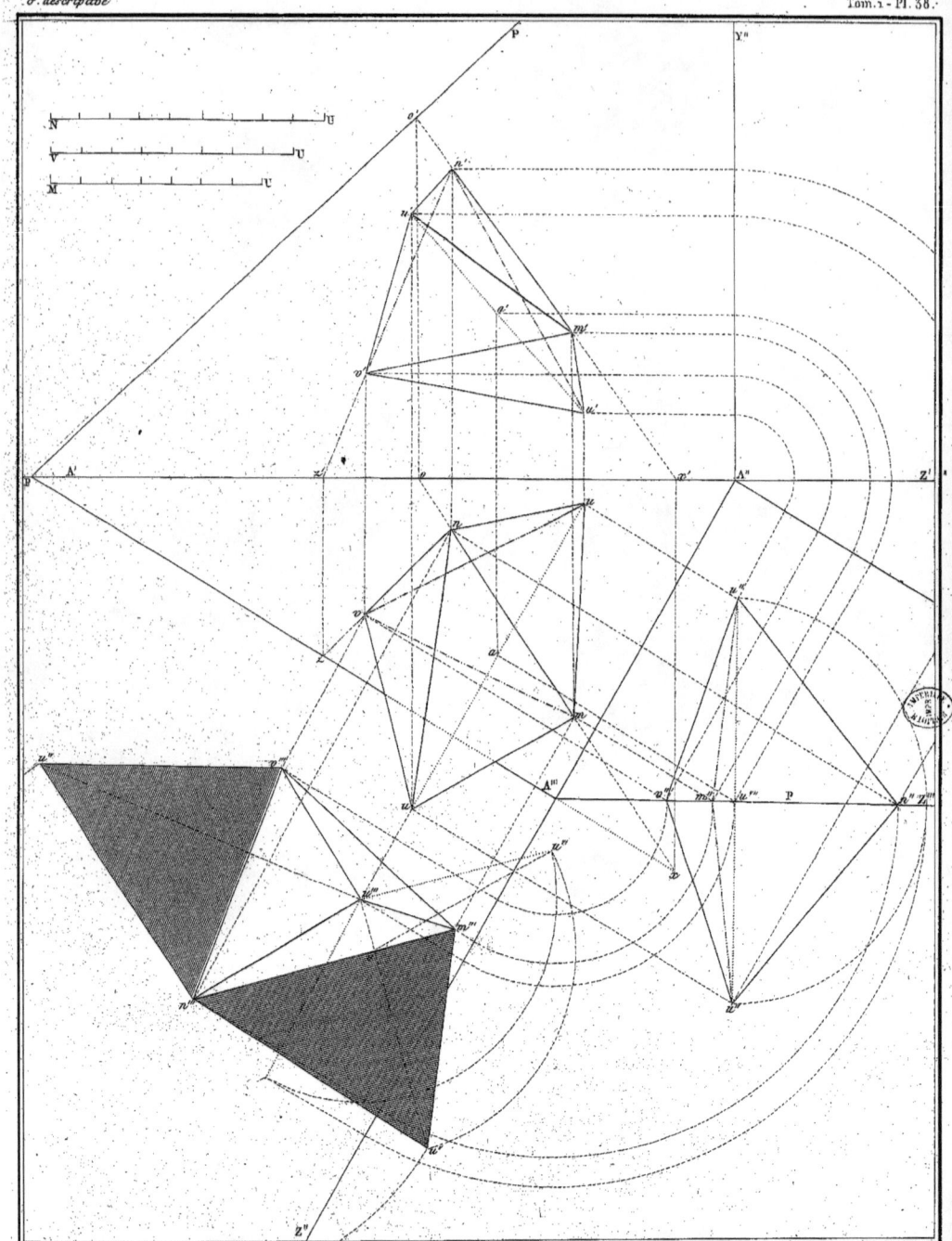

RABATTEMENTS

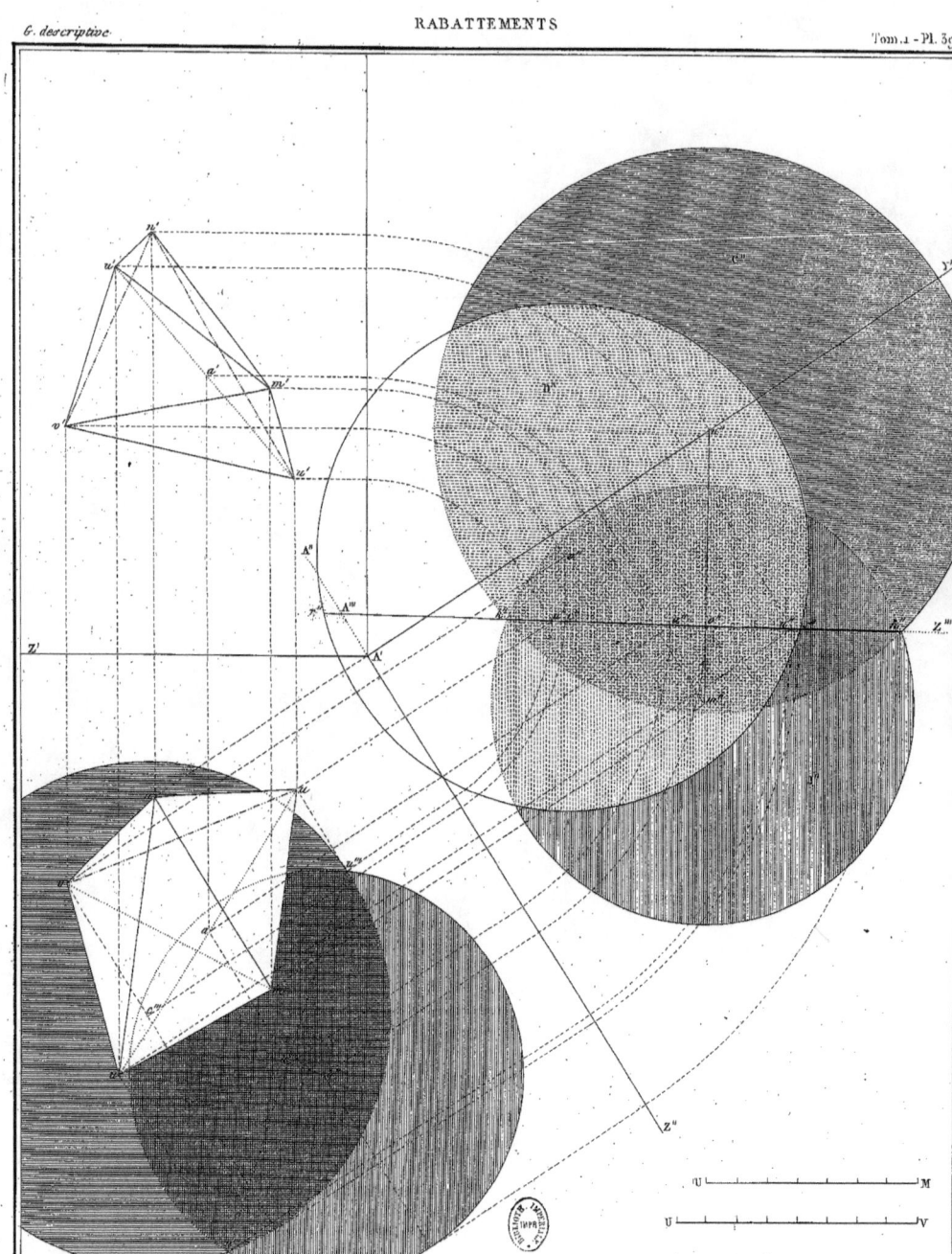

SPHÈRE ET CYLINDRES

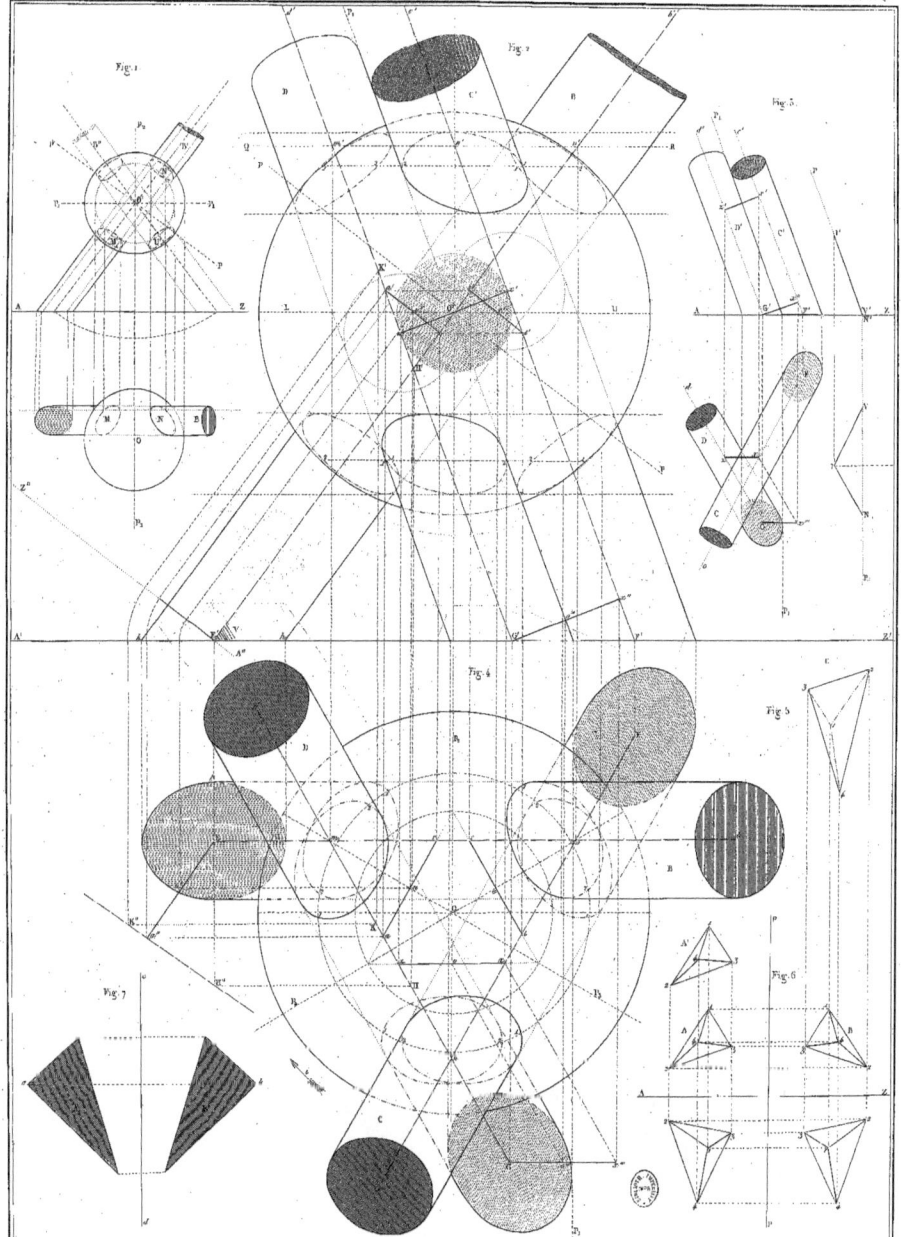

INTERSECTIONS DE CYLINDRES

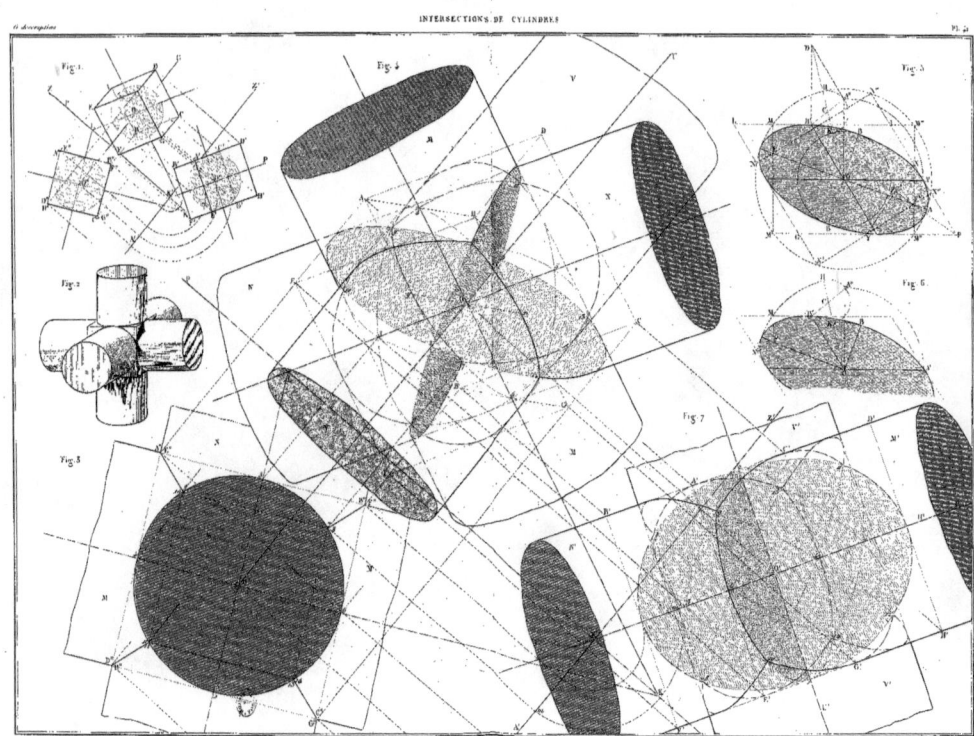